AF460876

THÉORIE

DES

VOÛTES ÉLASTIQUES ET DILATABLES

D'UNE APPLICATION SPÉCIALE

AUX ARCS MÉTALLIQUES.

Par M. V. FABRÉ.

PARIS

CHEZ DALMONT ET DUNOD,

Précédemment Carilian-Gœury et Vor Dalmont

LIBRAIRES DES CORPS IMPÉRIAUX DES PONTS ET CHAUSSÉES ET DES MINES,

Quai des Augustins, 49.

ET CHEZ LACROIX ET BAUDRY, LIBRAIRES.

Quai Malaquais, 15.

Novembre 1859.

THÉORIE

DES

VOUTES ÉLASTIQUES ET DILATABLES

D'UNE APPLICATION SPÉCIALE

AUX ARCS MÉTALLIQUES.

Paris. — Imprimé par E. Thunot et Ce, 26, rue Racine.

THÉORIE

DES

VOUTES ÉLASTIQUES ET DILATABLES

D'UNE APPLICATION SPÉCIALE

AUX ARCS MÉTALLIQUES.

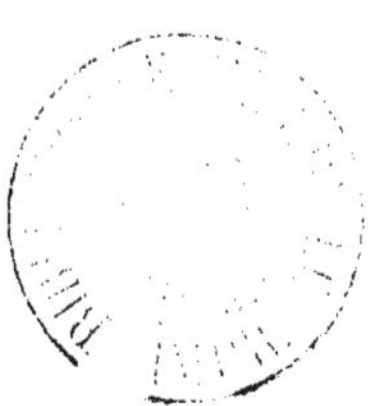

Par M. V. FABRÉ.

PARIS

CHEZ DALMONT ET DUNOD,

Précédemment Carilian-Gœury et Vor Dalmont,

LIBRAIRES DES CORPS IMPÉRIAUX DES PONTS ET CHAUSSÉES ET DES MINES,

Quai des Augustins, n° 49,

ET CHEZ LACROIX ET BAUDRY, LIBRAIRES,

Quai Malaquais, 15.

Novembre 1859.

AVANT-PROPOS.

Un grand nombre d'auteurs se sont livrés à l'étude des voûtes; tous, sans exception, ont évité d'une manière plus ou moins apparente d'introduire l'élasticité et la dilatabilité dans les éléments de la question. Ils ont cru ainsi simplifier le problème, et ils en ont au contraire rendu la solution à peu près impossible. Ces études, en effet, n'ont jamais pu préciser ni la position de la ligne des centres de pression ni même l'intensité de la poussée, et cependant elles se sont généralement bornées au cas très-simple d'une voûte symétrique et symétriquement chargée par rapport au joint vertical du sommet. Quant au phénomène de la dilatation, on n'a jamais essayé de l'expliquer.

Nous avons nous-même déjà traité la question des voûtes dans l'hypothèse de corps tout à fait incompressibles; cette supposition, complétement théorique, puisque tous les corps sont doués d'une élasticité plus ou moins grande, permet de résoudre le problème d'une manière assez satisfaisante ; mais ce n'est là encore qu'une approximation : la considération de l'élasticité modifie en effet profondément les résultats de notre premier travail.

Nous ne terminerons pas cet avant-propos, sans donner les relations qui font connaître la poussée et les points d'application de cette force sur les joints du milieu et des naissances, pour un profil de voûte symétrique et symétriquement chargé. Appelons A la hauteur verticale du milieu du profil; B, cette même hauteur aux naissances ; y', la différence de niveau entre les milieux de ces deux hauteurs ; R, la résultante de toutes les forces verticales appliquées au demi-profil, et r, la distance horizontale qui sépare la direction de R de celle de B; la poussée F a alors pour expression :

$$\frac{12y'Rr}{12y'^2+A^2+B^2}.$$

Elle paraît au premier aperçu indépendante de l'ouverture du profil, et il en serait ainsi si la quantité r ne variait pas avec cette ouverture, ce qui a presque toujours lieu. Quant aux points d'application des résultantes des pressions, qui sollicitent les joints A et B, le premier se trouve situé au-dessus du milieu de A à une distance

$$\frac{A^2}{12y},$$

et le deuxième au-dessous du milieu de B à une distance

$$\frac{B^2}{12y}.$$

Si sans changer les quantités précédentes on modifie la forme du profil, la poussée et les points d'application ci-dessus restent les mêmes; on ne doit cependant pas conclure de là qu'on pourrait adopter des formes tout à fait anormales entre les joints A et B; la courbe des pressions doit toujours se trouver, comme on le verra, dans une certaine zone centrale de l'aire de ce profil, ce qui restreint beaucoup les modifications indiquées.

Quant à la dilatation, comme il n'existait aucun moyen théorique d'en apprécier l'action, on a fait à cet égard diverses hypothèses. La plus répandue, et il faut le reconnaître la plus prudente pour la stabilité des constructions, consiste à admettre que les augmentations de longueur du système provenant de la dilatation occasionnent un accroissement de pression. La poussée égale alors celle qui résulte de la gravité de l'appareil augmentée de celle qui se rapporte à l'élévation de température : c'est là une des causes qui ont fait préférer les poutres aux arcs métalliques. Eh bien! cette cause n'a aucune espèce de fondement, les changements de température ne modifient pas sensiblement les conditions statiques de la voûte ; la poussée et la courbe des centres de pression sont à peu près indépendantes des variations thermométriques. A cet égard, au contraire, les voûtes ont un avantage marqué sur les poutres qui, quoique munies de glissières, rouleaux, etc., n'en éprouvent pas moins des efforts de pression ou de tension lorsqu'on élève ou qu'on abaisse la température par suite des frottements toujours assez considérables que laissent subsister ces divers engins.

THÉORIE

DES VOUTES ÉLASTIQUES ET DILATABLES

D'UNE APPLICATION SPÉCIALE

AUX ARCS MÉTALLIQUES.

L'établissement de quelques principes sur l'élasticité des corps est nécessaire pour détruire les obstacles qui pourraient arrêter notre exposition.

1. Soit un corps *abcd* (fig. 1) terminé par deux faces verticales parallèles *ad*, *bc* dont la première est invariablement fixée au plan inébranlable *a'd'*, et dont l'autre est soumise à l'action d'une force horizontale F; nous appellerons axe la ligne lieu des centres de gravité de toutes les sections faites par des plans parallèles aux précédents ; cet axe est supposé situé dans un plan perpendiculaire à ces sections. Le corps étant d'abord dépourvu de pesanteur, appliquons dans le plan de l'axe et normalement à la face *bc* une force F; si celle-ci agissait directement sur la section, elle lui ferait perdre sa forme plane par une dépression plus ou moins grande aux environs du point d'application; pour éviter cet inconvénient, un plan invariable est supposé intercalé entre la force et la face dont il s'agit.

Examinons une portion de ce système comprise entre deux plans mn, $m'n'$ parallèles aux précédents; si l'intervalle dx qui les sépare est infiniment petit, on peut regarder le volume $mnn'm'$ comme prismatique, et en désignant par m le coefficient d'élasticité (on appelle ainsi la perte de longueur qu'éprouve un prisme de la matière dont il s'agit d'une hauteur et d'une section égales à l'unité lorsqu'il est comprimé par un effet normal à cette section aussi égal à l'unité), la perte de longueur qu'il éprouvera sous l'influence de F sera :

$$\frac{m\mathrm{F}dx}{\mathrm{X}},$$

X désignant l'étendue de la section mn. Ici la force F qui sollicite le prisme ne peut occasionner de dépression locale, car elle agit par l'intermédiaire du plan $n'm'$ appartenant au volume $n'm'bc$; pour que cette dépression eût lieu, ce plan lui-même devrait affecter une forme courbe; mais on prouve qu'il n'en peut être ainsi en considérant ce plan comme appartenant au prisme $n'm'm''n''$ et de proche en proche arrivant au plan invariable bc.

2. Appelons x' l'espace horizontal compris entre la section fixe ad et une autre quelconque parallèle à celle-ci d'une surface X′, la longueur x' diminuera sous l'influence de F de

$$\int_0^{x'} \frac{m\mathrm{F}dx}{\mathrm{X}}.$$

C'est avec le plus vif regret que nous introduisons

une intégrale dans nos calculs; nous vivons dans un temps où l'emploi du calcul différentiel suffit pour couler un auteur, les grands hommes du jour n'en veulent plus; si on les écoutait on convertirait la multiplication en addition, en ajoutant le multiplicande autant de fois qu'il y a d'unités dans le multiplicateur: ils appellent cela, être pratique. Comme nous n'avons ni la prétention ni le pouvoir de modifier ces tristes idées, nous expliquerons ce que l'on doit entendre par le signe précédent. x' étant supposé divisé en n parties égales, ayant par conséquent pour longueur $\frac{x'}{n}$ et X_1, X_2..... X_n désignant les aires des sections moyennes de chacune de ces parties, on a :

$$\int_0^{x'} \frac{m\mathrm{F}dx}{\mathrm{X}} = \frac{m\mathrm{F}x'}{n}\left(\frac{1}{\mathrm{X}_1} + \frac{1}{\mathrm{X}_2} + \ldots.. + \frac{1}{\mathrm{X}_n}\right).$$

Le second membre n'est que la valeur approchée du premier, et plus n est grand plus l'approximation est grande. En général, pour les voûtes ordinaires, on a une valeur suffisamment exacte de cette intégrale en divisant le demi-appareil en quatre parties égales.

3. Pendant que x' diminue de longueur, la section X' décrit un certain volume qu'il s'agit de déterminer. Soit par exemple ik cette section dans sa position primitive, et supposons qu'elle se transporte en $i'k'$ en décrivant le volume $ikk'i'$. Il y a dans les corps élastiques deux états d'équilibre, si l'on peut s'exprimer ainsi : lorsqu'on applique la force F à la section ik, celle-ci se met en mouvement, le corps op-

pose à ce mouvement des résistances qui vont toujours croissant, et il arrive un moment où l'équilibre s'établit entre F et ces résistances : c'est là le premier équilibre indiqué ci-dessus que l'on peut appeler équilibre élastique. A partir de ce moment le corps se comporte comme s'il était invariable de forme, et l'équilibre statique complète l'état de repos du système. On doit donc admettre que chaque élément superficiel ll' de la section ik oppose au mouvement de translation une résistance mesurée par le petit prisme qui a pour base cet élément et pour hauteur l'espace horizontal ll'' compris à cet endroit entre les deux sections; la résultante de toutes ces résistances est donc représentée par le volume $ikk'i'$ et est appliquée à son centre de gravité, et comme elle doit faire équilibre à F, il faut qu'elle soit directement opposée à cette force, qui passe par conséquent par le centre de gravité de ce volume. Ainsi le volume décrit a son centre de gravité situé sur la direction de F.

4. La définition du coefficient d'élasticité donnée précédemment est celle que l'on trouve ordinairement dans les traités sur la matière; elle serait plus exacte si l'on disait : Le coefficient d'élasticité est la perte de volume qu'éprouve un prisme de la matière considérée d'une longueur et d'une section égales à l'unité, comprimé par un effort normal à cette section aussi égal à l'unité. En partant de cette dernière définition, la quantité

$$mF\int_{x}^{x'}\frac{dx}{Y}$$

désigne la hauteur moyenne du volume décrit par la section ik, et comme celui-ci peut toujours être considéré comme engendré par la révolution de ik autour de l'intersection de cette section avec $i'k'$; cette hauteur moyenne n'est autre que l'espace parcouru par le centre de gravité de la section ik, en vertu de ce théorème qu'un solide de révolution a pour mesure la section génératrice multipliée par l'espace parcouru par son centre de gravité.

Le volume dont il s'agit a donc pour mesure

$$m\mathrm{FX}'\int_0^{x'}\frac{dx}{\mathrm{X}},$$

et son étendue reste la même, quelle que soit la position de la force F; sa forme seule varie avec cette position, de telle sorte que le centre de gravité du volume se trouve toujours sur la direction de F.

5. Il importe de bien faire remarquer la différence qui existe entre la compression d'un corps de forme quelconque et celle d'un prisme. Dans le dernier cas la section étant constante, la hauteur dx de tous les petits prismes diminue de la même quantité, de telle sorte qu'en prenant une portion quelconque de ce volume d'une hauteur h, celle-ci diminue de

$$\frac{m\mathrm{F}h}{\mathrm{X}'}$$

et le volume de

$$m\mathrm{F}h.$$

Mais pour un corps de forme quelconque la diminution de hauteur de chacun de ces prismes est variable, puisqu'ils ont une section différente et pour une portion considérée du volume elle ne dépend pas seulement de sa hauteur h et de la section extrême; mais elle est fonction de toutes les sections variables, on ne peut l'obtenir que par une intégration.

6. Cette diminution de longueur se mesure toujours parallèlement à la direction de la force normale aux sections considérées, elle est d'ailleurs tout à fait indépendante de la forme de l'axe du solide; c'est-à-dire de la ligne lieu des centres de gravité de ces sections : que celle-ci soit curviligne ou rectiligne, qu'elle fasse un angle plus ou moins prononcé avec la direction de la force, la diminution de la distance comprise entre deux sections perpendiculaires à cette force ne change pas. Ainsi (fig. 2) les deux corps *abcd* *a'b'c'd'* terminés par deux plans *ab'* *cd'*, normaux à la direction de la force F et dans lesquels un plan quelconque *mn*, parallèle aux précédents, détermine deux sections égales en superficie, diminue de la même longueur sous l'influence de la même compression F; c'est-à-dire qu'après la compression la distance entre les centres de gravité des sections *ab*, *cd*, comptée parallèlement à la direction de la force est égale à la distance des centres de gravité des sections *a'b'*,*c'd'*, comptée de la même façon et cela quelle que soit la position du point d'application de F sur l'une ou l'autre section. Toutes ces considérations se déduisant de l'expression de cet accourcissement qui est fonction des quantités m, F et X seulement; comme ces

quantités ont la même valeur dans les deux corps considérés, l'accourcissement doit être le même.

7. Nous ferons cependant ici une observation importante : lorsque la force F est appliquée assez près du contour d'une section, celle-ci ne peut plus décrire un volume comprimé dont le centre de gravité se trouve sur la direction de F, cette section se décompose alors en deux parties, l'une décrit un volume comprimé et l'autre un volume résistant à la tension; ces volumes représentent des efforts agissant dans des directions parallèles mais dans des sens opposés : alors F égale la différence de ces résistances et occupe une position telle que ces trois forces soient en équilibre : on peut donc la considérer encore comme passant par le centre de gravité des deux volumes précédents, en ayant soin de donner des sens opposés aux efforts que représentent ces volumes et en adoptant une définition plus étendue du centre de gravité. Dans ces circonstances le centre de gravité de la section décrit encore un espace parallèle à la direction de F égal à :

$$mF\int_0^{x'}\frac{dx}{X}.$$

On démontre d'ailleurs par des procédés géométriques, comme nous l'avons fait au § 13 de notre théorie des corps fibreux, que la différence des volumes dont il s'agit égale la section considérée multipliée par l'espace décrit par son centre de gravité, ce qui confirme les considérations précédentes.

8. Dans les voûtes on doit éviter en général le développement des forces de tension qui ont l'inconvénient d'accroître en pure perte les efforts intérieurs supportés par la matière, nous indiquerons plus tard les conditions à remplir pour arriver à ce résultat.

9. Réciproquement si au lieu de se donner l'intensité et la direction de F, on connaissait le volume V décrit par une section *ik* (fig. 1), on en déduirait immédiatement la valeur de cette force en grandeur et en direction : en effet x' étant la distance de cette section à celle extrême *ad* considérée comme fixe, distance toujours comptée normalement à cette section, on a, en désignant par X' l'aire de la section *ik*

$$V = X'mF\int_0^{x'}\frac{dx}{X}, \quad \text{d'où} \quad F = \frac{V}{X'm\int_0^{x'}\frac{dx}{X}}.$$

D'ailleurs la direction de la force est normale à la section X' et passe par le centre de gravité du volume V.

10. En supposant chaque section sollicitée par la force unique F (fig. 1), nous avons admis qu'il s'agissait d'un corps impondérable. Donnons-nous maintenant un corps pesant sollicité en outre par d'autres forces verticales toutes situées ou susceptibles d'être ramenées dans le plan de son axe. Divisons-le par une infinité de sections verticales équidistantes et perpendiculaires au plan des forces, formant une suite de prismes de bases variables, mais de hauteurs constantes dx. La force horizontale F se combine successivement avec les poids et les forces verticales ap-

pliquées à ces prismes et forme ce qu'on appelle une courbe funiculaire et ce qu'on peut nommer ici la courbe des centres de pression. Elle jouit d'une propriété remarquable : la résultante des pressions, qui sollicitent une section quelconque, est tangente à cette ligne : les composantes horizontale et verticale de cette résultante sont : F, et la somme des poids et forces verticales appliqués entre la section libre et celle considérée.

La composante verticale dirigée suivant la section ne peut évidemment agir par compression sur celle-ci, cette action est encore due uniquement à F ; les diminutions de la hauteur dx de chacun de ces petits prismes mesurés au centre de gravité de la section sont toujours :

$$\frac{m\mathrm{F}dx}{\mathrm{X}}.$$

La seule chose changée, c'est le point d'application de F et par suite la forme du volume de compression ; ainsi ces volumes changent de forme sans changer d'étendue.

11. Dans ces circonstances encore, si on se donne le volume décrit par une section, on en déduit tout le reste, c'est-à-dire l'intensité de F et la courbe des centres de pression. En effet, l'intensité se déduit de l'étendue du volume, son point d'application de sa forme, et en combinant successivement cette force avec les forces verticales des prismes élémentaires, on obtient la courbe des centres de pression.

12. Quand nous supposons donné le volume décrit par une section, il est bien entendu que nous connaissons aussi la portion du corps comprise entre cette section et une autre parallèle à laquelle ce volume se rapporte : celui-ci serait réellement engendré si la seconde section étant fixe on appliquait à celle considérée la force F trouvée. Une même section peut décrire de cette façon une infinité de volumes suivant la portion du corps à laquelle on suppose qu'elle appartient.

13. Nous ferons une autre remarque importante relative aux volumes précédents. La compression développe un accroissement de l'aire des sections ; soit qu'il provienne de la compression seule, ce qui est probable, soit que cet effet se combine avec celui produit par les forces verticales appliquées, nous ne devons pas nous en préoccuper et considérer toujours les volumes décrits comme ayant pour base les sections primitives. En effet, on ne les mesure pas, comme à l'ordinaire, avec un autre volume pris pour unité ; mais avec le coefficient d'élasticité, c'est-à-dire avec la perte de volume occasionnée par l'unité de force comprimant un prisme d'une unité de section et de hauteur ; or comme dans l'appréciation de cette perte on ne tient pas compte de l'extension de la section, il ne faut pas en tenir compte également dans la mesure des volumes dont il s'agit.

14. (Fig. 3). Imaginons à présent la section *ad* non plus invariablement liée au plan fixe *a'd'*, mais seulement juxtaposée contre ce plan, de manière toutefois à

ne pouvoir glisser sur cette surface comme on pourrait le réaliser en plaçant une sorte de mentonnet au point d : supposons de plus la section bc, non plus sollicitée par un effort F, mais pouvant glisser librement sur le plan invariable $b'c'$; à ce système sont d'ailleurs appliquées des forces verticales quelconques dont la résultante est R. Le coefficient d'élasticité étant toujours m, il s'agit de déterminer dans quelle situation se trouve le corps lorsque l'équilibre s'établit et l'intensité des forces intérieures développées.

15. Si l'appareil était invariable de forme, l'équilibre existerait sans le moindre mouvement, puisque ce mouvement ne peut se produire sans une diminution de la distance qui sépare les points a et d de ceux b et c appartenant à cet appareil, chose incompatible avec l'invariabilité; mais s'il est élastique, cet équilibre nécessite au contraire un déplacement de la section bc qui s'opère suivant le plan $b'c'$. Le centre de gravité g de cette section descend donc d'une certaine quantité ε; désignons par y' la différence de niveau entre les centres de gravité o et g des sections ad, bc dans l'état primitif et par x' la distance horizontale qui les sépare. Si le système avait la liberté de tourner autour du point o, le centre g de la section bc ne pourrait parcourir un espace vertical $gi = \varepsilon$, sans s'avancer horizontalement d'une certaine quantité; on obtient cette dernière en décrivant du point o comme centre avec og pour rayon un arc de cercle et déterminant sa rencontre g' avec l'horizontale ig'; lorsque le mouvement est gêné par l'interposition des plans

fixes $b'c'$, $a'd'$; ig' doit constituer l'accourcissement opéré par la compression entre les points o et g; du moins il en est ainsi si la condition suivante est satisfaite et si la rotation s'accomplit comme nous venons de l'indiquer.

16. L'économie de ce dispositif revient, comme on le voit, à ceci : les différents éléments de l'axe du solide font des angles divers avec l'horizon; par une diminution de ces angles, la projection horizontale de la longueur de ces éléments augmente, et par suite il en est de même de la projection horizontale de la longueur totale de cet axe, et comme cette projection ne peut changer, puisque le corps se trouve compris entre deux plans verticaux parallèles invariables, il faut de toute nécessité que la compression fasse diminuer l'axe de toute la quantité dont sa projection s'est allongée. En admettant une rotation de tout le corps autour du point o, nous supposons que les divers angles formés par les éléments de l'axe avec l'horizontale diminuent tous d'une même quantité, égale à l'angle de rotation gog'; car lorsqu'on fait décrire un certain angle à un plan autour d'un axe qui lui est perpendiculaire, toute droite, située dans ce plan, décrit le même angle : contrairement à cette supposition, on objecte naturellement que le mouvement au lieu d'être intégral, comme nous le supposons, peut parfaitement se faire partiellement, de telle sorte que chaque élément perde une portion différente de l'espace angulaire compris entre sa direction et l'horizontale. Lorsqu'on observe la chute d'une voûte, on

voit que ces déformations morcellées n'existent réellement pas; elle s'ouvre toujours suivant un certain nombre de joints très-limités, et les portions comprises entre eux se comportent exactement comme si elles appartenaient à un seul corps accomplissant la rotation que nous venons d'indiquer; mais, dira-t-on, un pareil joint peut parfaitement se trouver entre ceux *ad* et *bc*. Il est possible, en effet, qu'il en soit ainsi, et c'est précisément là la condition à laquelle nous supposons que le système satisfait. Ainsi, nous le répétons, nous admettons qu'il n'existe aucun joint de rupture entre les sections extrêmes précédentes. Nous parlerons plus tard de ces joints de rupture et de l'influence qu'ils ont sur la stabilité du système.

17. Pour déterminer la distance ig', menons l'horizontale ok, et considérons le triangle ogk comme tournant autour du point o en même temps que og, l'arc kk' décrit par le point k ne diffère pas sensiblement en direction de la verticale $b'c'$, il égale en longueur ε. Cela posé, les deux triangles $kk'o$, $ig'k'$ étant semblables comme ayant les côtés perpendiculaires fournissent la proportion :

$$ok : kk' :: k'i : ig', \quad \text{d'où} \quad ig' = \frac{kk' \times k'i}{ok}, \quad \text{ou} : \frac{\varepsilon y'}{x'}.$$

A cet accourcissement $\frac{\varepsilon y'}{x'}$ correspond une force inconnue F, et en désignant toujours par m et X le coefficient d'élasticité et la superficie d'une section quelconque, cet accourcissement est aussi exprimé par :

$$mF\int_0^{x'}\frac{dx}{X}$$

on a donc

$$mF\int_0^{x'}\frac{dx}{X}=\frac{\varepsilon y'}{x'}.$$

18. Pendant le mouvement, les points b et c se déplacent aussi verticalement de la quantité ε et horizontalement de distances qu'on détermine de la même façon ; désignant bg et gc par δ et δ', ces distances sont :

$$\frac{\varepsilon(y'+\delta)}{x'} \quad \text{et} \quad \frac{\varepsilon(y'-\delta')}{x'}.$$

Au moyen de ces quantités, on obtient facilement le volume décrit par la section bc pendant le mouvement indiqué. Pour bien se figurer la disposition de ce volume, laissons au corps toute liberté de tourner autour du point o, alors, pendant que le point g descend verticalement de ε, la section bc vient dans la position $k'\gamma\beta$ et ad vient en $\alpha\delta$: ainsi l'abaissement vertical ε du point g occasionne l'accroissement 1° du volume compris entre $\beta\gamma$ et bc, 2° du volume δod et la diminution du volume $ao\alpha$. Le point o étant le centre de gravité de la section ad, les volumes $ao\alpha$, $do\delta$ sont égaux. En résumé donc l'accroissement de volume provoqué par le mouvement précédent se borne à celui indiqué du côté de la section bc, et il peut être considéré comme décrit par la révolution de la section $\beta\gamma$ autour de l'horizontale k' perpendiculaire au plan de l'axe ; de telle sorte que la direction $k'\beta$ est ramenée à celle $k'b$: ce volume est donc égal à la section bc multipliée par l'espace $\frac{\varepsilon y'}{x'}$ parcouru par son centre de gravité. La présence des plans invariables ad, bc produit les déformations nécessaires à l'équilibre en comprimant la matière avec plus d'intensité à la partie supérieure qu'à l'inférieure de la section bc, et cette compression s'opère en sens inverse sur la section ad. Il y a là une sorte de mouvement parallélogrammique, mouvement exécuté non pas seulement par quatre lignes, mais par la surface même que comprennent ces lignes.

Puisqu'on peut complétement déterminer le volume décrit par la compression exercée sur bc correspondant à la perte de hauteur ε de son centre de gravité, on en déduit la valeur de la force horizontale F qui opère cette compression en grandeur et en direction conformément à ce qui a été dit (9, 10). La grandeur est donnée par la formule :

$$F = \frac{V}{mX'\int_0^{x'} \frac{dx}{X}},$$

dans laquelle V désigne l'étendue du volume décrit et X' l'aire de la surface bc ; la direction passe par le centre de gravité de ce volume.

19. Si donc nous connaissions ε, le problème serait résolu ; pour obtenir cette quantité, on peut concevoir d'une autre manière l'exécution du mouvement de compression : faisons descendre verticalement le cen-

tre de gravité g jusqu'en i, et laissons pendant ce mouvement toute liberté à la section ad de se mouvoir sur l'horizontale $d\delta'$, elle décrira le volume $d\delta'\alpha'a$; l'effet de la compression est alors de ramener $\alpha'\delta'$ dans la direction $a'd'$ pendant que la section bc reprend la position verticale perdue pendant le mouvement précédent. Ce mouvement de rotation peut être considéré comme décrit autour du point de rencontre i' de l'horizontale menée par le point g avec la verticale $a'd'$ et par des considérations analogues à celles présentées pour le volume décrit par bc, on arriverait à connaître la forme et l'étendue de celui décrit par ad. Les triangles semblables à comparer seraient ici : $i'oo'$ et $gi'i$ et donneraient encore :

$$mF\int_0^{x'} \frac{dx}{X} = \frac{\varepsilon y'}{x'};$$

ce qui ne nous apprend rien de nouveau ; mais la forme du volume dont il s'agit fait connaître la position de son centre de gravité et par suite le point d'application de la force F sur la section ad.

20. On objectera peut-être que le corps proposé ne peut se comprimer à la fois des deux volumes indiqués : les choses effectivement ne se passent pas ainsi. Lorsqu'une force M (fig. 4) comprime un corps contre un plan inébranlable ab et lui fait décrire le volume $mnn'm'$, si après cette action on fixe la face mm' et qu'on enlève le plan inébranlable ab, la section contiguë se portera en $a'b'$ en décrivant un volume $aba'b'$ égal à $mnn'm'$ si le corps est prismatique, et, s'il ne

l'est pas, le centre de gravité de *ab* parcourra un chemin égal à celui du centre de gravité de *nn'*. Voilà comment il faut entendre la production des volumes indiqués.

21. (Fig. 3) Appelons y la différence de niveau entre les centres de gravité des volumes décrits par les sections *ad* et *bc*, et désignons par r la distance horizontale de la direction de la force R au plan *ad*; en égalant à zéro la somme des moments, il vient

$$Rr = Fy.$$

L'élimination de ε entre cette relation et celle déjà trouvée donne la valeur de la force horizontale qui maintient l'équilibre du système dont le point d'application est déjà connu.

22. Dans ces circonstances, les conditions de l'équilibre sont donc parfaitement déterminées; cela ne veut pas dire toutefois qu'il existe seulement une force horizontale pouvant maintenir la stabilité du corps proposé sur l'appui *ad*; évidemment si, en conservant l'invariabilité de forme du plan *bc*, il a la liberté de se mouvoir, on peut appliquer à ce plan une infinité d'efforts horizontaux rendant le système stable. Mais si cet effort provient de la résistance du plan *bc*, qui, sans être fixe, oppose cependant un certain obstacle au mouvement de rotation de *abcd*, comme le ferait, par exemple, un autre corps élastique venant buter contre celui-ci suivant la section *bc*, on peut alors affirmer que l'effort horizontal nécessaire à l'équilibre sera supérieur à celui trouvé précédemment. Voyons d'abord si, avec le même abaissement ε du centre de gravité g (fig. 3), la force horizontale qui en résulte est suffisante pour maintenir l'équilibre : puisque le plan $b'c'$ obéit en partie à l'action de la face bc, lorsqu'elle tourne autour du point o, il prendra une position qui, partant du point k', se dirigera entre $k'i$ et $k'g'$. Le volume décrit par la compression sera celui compris entre cette direction et le plan $k'g'$, c'est-à-dire une partie seulement du volume correspondant au cas où le plan $b'c'$ a une position invariable; la force qui correspond à ce premier volume ne saurait donc maintenir l'équilibre du système, puisqu'elle n'est qu'une fraction de la force F correspondant au second, et que celle-ci est nécessaire pour obtenir ce résultat. Cette dernière peut réellement se décomposer en deux, l'une de même grandeur et direction que la première, et l'autre ayant une valeur déterminée indispensable à l'équilibre du système; celui-ci ne peut donc subsister sous l'action de la première de ces composantes.

23. Imaginons maintenant l'abaissement vertical $\varepsilon + \varepsilon'$ du point g, assez grand pour que le volume décrit par la compression soit égal à celui correspondant à l'hypothèse du plan $b'c'$ invariable de position. (Nous ferons remarquer en passant que tous ces volumes peuvent être considérés comme des solides de révolution décrits par la section bc, autour d'un centre distant du centre de gravité de cette section, de la quantité kg différence de niveau entre les points

o et *g*; par conséquent ces volumes sont égaux lorsqu'ils correspondent à des espaces égaux parcourus par le centre de gravité de la section, et quand nous disons égaux, ce n'est pas seulement de leur étendue que nous parlons, mais de leur forme même.) Si les volumes précédents sont égaux, ils correspondront à des forces horizontales égales; mais la différence de niveau entre leurs points d'application étant ε', le moment de la force inférieure sera encore insuffisant pour la stabilité du système; cette force horizontale doit donc être supérieure à celle qui se rapporte au plan $b'c'$, de position invariable.

24. Ainsi, lorsque le plan $b'c'$, qui maintient l'équilibre du système, est invariable de position, la force horizontale développée est un minimum. Nous ne parlons pas, bien entendu, du cas où ce plan se rapprocherait de *ad*; par hypothèse, c'est un obstacle inerte qui ne développe pas de pression par lui-même, il est seulement susceptible de résister à celle qu'on lui oppose.

25. Suivant notre hypothèse, l'effort de pression se produit sur des surfaces parfaitement polies, n'engendrant aucune espèce de frottement; mais on peut évidemment, sans rien changer aux phénomènes indiqués précédemment, rendre à ces surfaces leur imperfection naturelle, si l'on suppose que l'obstacle n'oppose aucun effort dans sa direction, si, par exemple, le plan $b'c'$ descend verticalement en même temps que la section *cb*, dans le cas où ce plan est invariable de direction.

26. On peut concevoir une infinité de systèmes analogues au précédent, formés d'une portion du corps proposé compris entre l'appui *ad* (fig. 3) et une section verticale quelconque. Le plan de l'autre portion qui vient buter contre cette section forme l'obstacle, tandis que celle-ci agit à la manière d'une puissance appliquée à cet obstacle, et comme, dans les limites de la flexion, le mouvement de ces deux plans, de haut en bas, peut se produire librement et sans désunion, les systèmes ci-dessus sont tout à fait dans les circonstances indiquées au paragraphe précédent. Il y a donc, pour chacun d'eux, une force horizontale déterminée qui le tient en équilibre; si toutes ces forces sont inférieures à F, celle-ci s'y substitue de proche en proche depuis *bc* jusqu'à *ad*, et dès qu'elle est développée, le système se comporte comme celui (fig. 1). Dans ces circonstances, si l'appui vient à céder, soit légèrement, soit totalement, le premier joint qui s'ouvrira sera évidemment *bc*, car tous les autres sont comprimés par un effort plus que suffisant pour maintenir leur stabilité; celui-là seul reçoit la force horizontale indispensable pour en assurer l'équilibre; c'est donc là ce que l'on appelle un joint de rupture.

27. Mais si F n'est pas un maximum, et que celui-ci se produise suivant une section intermédiaire, l'équilibre ne saurait subsister. Il est bien évident d'abord que cet effort maximum devra se développer, puisqu'une force moindre ne saurait maintenir l'équilibre de la portion du corps comprise entre l'appui et le joint correspondant à ce maximum; il n'est

pas moins certain qu'un effort plus grand ne se manifestera pas, puisque celui-ci suffit pour assurer l'équilibre de tous les autres systèmes indiqués (26). Mais si cette force est en réalité celle développée, le centre de gravité de la section qui correspond au maximum restera en fléchissant sur la direction verticale primitive (22 et 23). Ainsi, les extrémités de l'axe de la partie du corps comprise entre ce joint et le plan *bc* seront, avant et après la flexion, situés sur les mêmes plans verticaux ; reste à savoir si dans ces conditions cette fraction du système peut être en équilibre. Les extrémités de son axe ne quittant pas les plans verticaux qui les contiennent dans la situation primitive, celui-ci ne peut acquérir l'augmentation de longueur de sa projection horizontale nécessaire à la compression que par une rotation autour de son extrémité inférieure ; mais comme c'est à cet endroit que se produit le maximum, ce point, qui appartient au joint de rupture (26) tend, au contraire, à descendre en tournant autour du centre de gravité de la section supérieure, ou tout au plus le déplacement de l'axe s'opère parallèlement à lui-même, et ce mouvement ne peut, par conséquent, engendrer aucun accroissement de sa projection horizontale; il y a donc nécessairement rupture. Comment s'opère-t-elle ? Par l'ouverture du joint correspondant au maximum à l'intrados. Celui-ci, en effet, ne trouvant pas dans la partie supérieure l'obstacle qui doit l'empêcher de tomber continue son mouvement de rotation autour de la naissance et produit l'ouverture mentionnée ; la rupture des joints *bc* et *ad* à l'extrados est une conséquence de la première.

28. Dans les voûtes, ce genre de rupture est excessivement rare; on le trouve réalisé dans celles très-surhaussées, comme les ogives, dont les reins sont trop fortement chargés. Mais n'anticipons pas, ces réflexions trouveront leur place naturelle, lorsque nous appliquerons aux voûtes les principes précédents.

29. Avant d'entamer ce sujet, faisons une dernière remarque : l'équilibre existant au moyen du plan vertical invariable $b'c'$ (fig. 3), si on fait tourner légèrement celui-ci autour du centre de gravité i, le volume décrit par cette section et l'espace parcouru par son centre de gravité ne changent pas; il en est, par conséquent, de même de F, seulement le point d'application de cette force sur ce plan s'élève ou s'abaisse, et un mouvement identique se produit sur la naissance, de telle sorte que la différence de niveau entre les deux points d'application reste la même, et par suite l'équation des moments n'est pas modifiée. La courbe des pressions dans cette nouvelle position du plan obstacle est identique de forme à la précédente; mais toutes ses ordonnées augmentent ou diminuent de la quantité dont le point d'application s'est élevé ou s'est abaissé.

30. Abordons maintenant la théorie des voûtes : dans celles enseignées jusqu'à ce jour, on suppose l'appareil divisé en voussoirs, et l'on recherche les efforts exercés sur les joints. Nous allons procéder

d'une autre façon : le corps proposé sera sans solution de continuité, et nous déterminerons les efforts intérieurs qui sollicitent un élément quelconque de cette matière; il sera ensuite facile de trouver ceux développés sur une section donnée.

31. Considérons donc un arc élastique *abcdef* (fig. 5), d'une seule pièce, sollicité par des forces quelconques, toutes situées ou susceptibles d'être ramenées dans le même plan, l'axe du solide lui-même se trouve dans ce plan. Cet arc ou cette voûte, comme on voudra l'appeler, se prolonge un peu dans l'intérieur des appuis, de manière à rendre tout mouvement de glissement impossible à ces endroits. Réellement les plans verticaux *ab*, *de*, qui prolongent les parements intérieurs des appuis, séparent ceux-ci de la voûte proprement dite, même lorsqu'il n'y existe aucune solution de continuité.

Un caractère bien tranché établit cette séparation; le voici : pour un élément matériel situé d'un côté de ce plan, sur l'appui, la résistance verticale suffit pour en assurer la stabilité; tandis qu'un élément matériel placé de l'autre côté du même plan est tenu en équilibre par l'action de la résistance horizontale.

32. L'application à la voûte de son propre poids et des forces verticales extérieures détermine une certaine flexion, suivie du développement d'une force horizontale F'. Réellement alors le système est séparé en deux portions, dont chacune est équilibrée sur l'appui contigu avec toutes les forces verticales

qu'elle supporte, par l'action de cette force horizontale.

33. Pour déterminer le plan qui sépare ces deux parties de la voûte, imaginons un plan invariable *gh* parallèle à *ab* et assez rapproché de celui-ci, et supposons la portion *abgh* séparée du reste de l'appareil et équilibrée par l'obstacle invariable *gh*; nous savons déterminer la force horizontale qui établit cet équilibre, en la désignant toujours par F, et conservant les notations précédentes, on a les deux relations :

$$mF\int_0^{x'}\frac{dx}{X}=\frac{\varepsilon y'}{x'} \quad \text{et} \quad Rr=Fy,$$

qui, par l'élimination de ε, fournissent la valeur cherchée. Dans ces équations y' désigne l'ordonnée de l'axe de la voûte correspondant à l'abscisse x', et comme on se donne toujours l'équation de cet axe, la valeur de F peut s'exprimer en fonction seulement de l'abscisse x', on aura par exemple :

$$F=f(x').$$

A chaque valeur de x' correspond une position du plan *gh* et une valeur particulière de F; on peut donc construire une courbe dont les abscisses et les ordonnées sont les diverses valeurs de x' et de F.

Si l'on opère de la même façon du côté de la naissance *de* on obtient une deuxième courbe; ces deux lignes vont se rencontrer en un certain point et je dis que le plan vertical correspondant divise la voûte en deux parties respectivement équilibrées par les appuis contigus; cela paraît bien évident si les ordonnées vont continuellement en augmentant depuis les plans *ab*, *cd*, jusqu'à celui de rencontre; car alors la valeur de la force horizontale correspondante est un maximum pour chacune des parties de voûte à tenir en équilibre sur l'appui contigu.

34. Toutefois, comme ce fait a une grande importance, nous allons tâcher de rendre toute objection impossible. Il y a ici deux systèmes analogues à ceux examinés précédemment, et les deux faces du joint qui les réunit forment, celle de droite le plan obstacle qui s'oppose à la chute du système de gauche, et celle de gauche le plan obstacle qui s'oppose à la chute du système de droite. Les forces horizontales développées par chacun de ces systèmes sur ces plans obstacles doivent être forcément égales, car elles forment l'action et la réaction qui se produit sur le plan dont il s'agit. Le joint cherché est donc celui qui partage la voûte en deux parties tenues en équilibre par des forces horizontales égales, et par suite il passe par le point de rencontre des deux courbes mentionnées. On voit de plus que le centre de gravité de la section de ce joint reste dans le plan vertical qu'il occupait dans sa position primitive. On peut continuer chacune de ces courbes au delà du point de rencontre, et il arrive qu'en considérant un autre joint quelconque elles donnent pour celui-ci deux forces horizontales, l'une plus grande que celle mentionnée et l'autre plus petite; ce joint ne sau-

rait donc servir de séparation aux deux appareils.

35. Prouvons encore d'une autre manière la même proposition. Concevons une portion quelconque *abgh* équibrée du côté opposé par un appui et une portion de voûte *ghαβ* (fig. 5) identique de forme et de chargement à *abgh*. *gh* est évidemment le joint qui divise cet appareil en deux parties portées par les appuis contigus : de plus pendant la flexion ce joint ne quitte pas le plan vertical primitif. Si, sur le joint correspondant à l'intersection des deux courbes précédentes, on maintient l'équilibre de chaque partie de la voûte proposée, comme nous venons de le faire, c'est-à-dire en arc-boutant chacune d'elles par une demi-voûte égale de forme et de changement, mais de sens opposé, on établira évidemment deux appareils qui auront la même poussée, et dans chacun d'eux le joint supérieur descendra verticalement pendant la flexion. On peut donc, sans troubler l'équilibre, supprimer les demi-voûtes ajoutées à chaque appareil et faire arc-bouter directement les deux parties du système proposé. Évidemment la force horizontale qui maintient la stabilité des deux voûtes symétriques équilibrera aussi celle proposée, et comme cette force existe, il n'y a aucune raison pour qu'elle augmente ou diminue; c'est donc là réellement la poussée cherchée. La suppression de chaque moitié des voûtes symétriques ne troublant en rien l'état d'équilibre des autres moitiés, le poids de celles-ci et toutes les forces verticales qui y sont appliquées continuent à être portés par les appuis contigus.

36. Le seul changement opéré par ces transpositions est le suivant : *cf* étant le joint dont il s'agit dans sa position primitive, si chaque partie *abcf*, *edcf* avait la liberté de tourner autour des centres de gravité *n* et *n'* des sections des naissances, ce joint *cf* se porterait en $c'f'$ et $c''f''$, pendant que le centre de gravité *o* s'abaisse verticalement de l'espace $oo' = \varepsilon$; les volumes décrits par la compression des parties considérées sont donc ceux compris entre *cf* et $c'f'$ d'une part, entre *cf* et $c''f''$ d'autre part ; par suite les points d'application de la poussée des voûtes symétriques sont aux centres de gravité de ces volumes ; mais évidemment le système proposé ne saurait avoir deux points d'application différents de F sur le joint *cf*. Sa position effective se trouve au centre de gravité du volume $c'f'f''c''$, et c'est par une rotation du plan *cf* autour du point o' que s'opère la coïncidence des points d'applications précédents ; par cette rotation on fait descendre le centre de gravité du volume compris entre $c''f''$ et *cf* et remonter l'autre ; on les amène ainsi sur l'horizontale qui passe par le centre de $c'f'f''c''$. Nous avons démontré (29) qu'on ne change pas, dans un pareil mouvement, l'intensité de la poussée ; seulement la courbe des pressions remonte ou descend parallèlement à elle-même.

37. Reprenons les deux voûtes symétriques imaginées (35), et admettons que pour l'une d'elles le joint vertical du milieu ne corresponde pas au maximum de F. La symétrie parfaite de l'appareil nécessite toujours la même répartition du poids de la voûte

et des charges supplémentaires sur les appuis ainsi que le mouvement vertical du joint milieu. Chaque demi-voûte se trouve donc dans des conditions identiques à l'appareil examiné (27); l'équilibre d'un pareil système est donc impossible. Toutefois il peut arriver que l'ouverture des joints correspondant au maximum à l'intrados et celle des joints du sommet et des naissances à l'extrados, qui portent les centres de pression de ces surfaces sur les arêtes opposées à ces ouvertures, détermine un équilibre particulier; mais son instabilité évidente nous évite la peine d'en examiner les conditions. Également si la matière de l'arc est susceptible de résister à la tension, cette résistance empêchera l'ouverture des joints aux endroits indiqués, il y aura seulement là des efforts de tension et la voûte se comportera en partie à la manière des corps fibreux, dont nous avons donné la théorie. Dans ces appareils les bras de leviers des moments des efforts horizontaux, qui les tiennent en équilibre, sont toujours des fractions plus ou moins grandes de la hauteur du système ou ici de l'épaisseur verticale de l'arc proposé, bras de leviers beaucoup plus petits que ceux des voûtes résistant à la pression seulement, puisque ces derniers égalent la différence de niveau entre les centres de gravité des volumes décrits par les naissances et les joints considérés : or comme ces moments doivent toujours égaler ceux des forces verticales appliquées au système, si l'on diminue les bras de levier il faut augmenter les efforts horizontaux et fatiguer davantage la matière employée. Nous admettons donc implicitement, en parlant de la stabilité de l'appareil, qu'il n'existe pas de résistance à la tension.

38. Ainsi, le maximum de F dans une voûte symétrique et symétriquement chargée, doit correspondre au plan vertical qui la divise en deux parties égales. Revenons maintenant à l'appareil proposé, et admettons qu'il existe un maximum de F en dehors du joint qui le divise en deux parties respectivement portées par les appuis contigus, si l'équilibre existe on ne le trouble pas en arc-boutant ces deux parties par deux autres égales et opposées de manière à former deux voûtes symétriques; mais alors celle des deux qui renferme le maximum précédent ne peut se tenir en équilibre; il n'est donc pas possible que l'appareil proposé soit lui-même stable.

Du reste, nous le répétons, ce cas est excessivement rare, et il faut des circonstances toutes particulières pour que le sommet d'une voûte s'ouvre à l'extrados.

39. Connaissant l'intensité de la poussée, on en déduit facilement le volume décrit par une section verticale quelconque : x étant l'abscisse de cette section, M, F et X ayant d'ailleurs les mêmes désignations que précédemment, l'espace parcouru par son centre de gravité est :

$$m\mathrm{F}\int_0^x \frac{dx}{\mathrm{X}}.$$

Cet espace multiplié par l'aire de la section considérée donne l'étendue de ce volume, sa forme résulte de la position de son centre de gravité, qui se trouve à l'endroit où la courbe des pressions le traverse.

40. On peut par conséquent mesurer à un endroit quelconque l'espace horizontal compris entre les deux positions de la section qui terminent ce volume, ou l'exprimer algébriquement ; cet espace est la hauteur d'un prisme élémentaire dont la base est la portion $dy.dx$, de l'aire de la section à cet endroit, et il est en même temps la mesure du volume prismatique décrit à ce même endroit dont la base égalerait l'unité. On peut alors poser la proportion : si la force F fait décrire le volume total, quelle force faudra-t-il pour décrire le volume précédent ayant pour base l'unité ? Appelant V ce volume, S l'aire de la section dont il s'agit et φ la force cherchée, on a :

$$mFS\int_0^x \frac{dx}{X} : F :: V : \varphi \quad \text{et} \quad \varphi = \frac{V}{mS\int_0^x \frac{dx}{X}}$$

Par suite l'effort horizontal exercé sur un élément superficiel $dx.dy$, est :

$$\frac{Vdxdy}{mS\int_0^x \frac{dx}{X}}$$

41. Quant à l'effort vertical qui sollicite cet élément, il est naturel de supposer que la composante verticale se répartit sur son aire comme la composante horizontale : ainsi en appelant P et p cette composante verticale totale et celle qui agit sur l'élément considéré, on a :

$$F : P :: \frac{V}{mS\int_0^x \frac{dx}{X}} : p, \quad \text{d'où} \quad p = \frac{PV}{FmS\int_0^x \frac{dx}{X}}.$$

42. On peut donc toujours obtenir l'effort intérieur exercé sur un élément quelconque de la matière; par conséquent si, cessant de considérer une section verticale, on trace un joint dans une direction quelconque, on obtiendra les efforts exercés sur les éléments de sa section, en considérant successivement les divers plans verticaux auxquels appartiennent ces éléments; mais ces considérations n'offrent aucune espèce d'utilité pratique. Nous nous contenterons d'indiquer d'une manière approchée comment se fera l'estimation des pressions sur ce joint oblique : sans erreur sensible, on peut supposer ces efforts égaux à ceux exercés sur le plan vertical qui passe par le centre de gravité de la section oblique.

43. Soit que l'on considère un joint vertical ou un joint oblique, la résultante des efforts horizontaux qui les sollicite est toujours égale à la poussée, cela résulte des conditions générales de l'équilibre du système. Il n'en est pas de même de la résultante des efforts verticaux : s'il s'agit d'une section verticale, il ne peut exister l'ombre d'un doute sur cette résultante; mais quand on considère une section oblique, il n'est pas possible de dire qu'une force verticale appliquée qui traverse cette section agit plutôt d'un côté que de l'autre de ce plan.

44. Résumons la théorie précédente en l'appliquant

à une voûte quelconque ; nous supposerons toutefois rectangulaires les diverses sections de l'appareil et la dimension horizontale de ces rectangles égale à l'unité. Le système, outre son poids, est sollicité par des forces verticales disposées d'une manière quelconque sur son développement ; cependant ces forces extérieures sont toutes situées ou susceptibles d'être ramenées dans le plan de l'axe.

La première opération consiste à diviser la voûte par des plans verticaux équidistants et perpendiculaires à celui de l'axe; alors, considérant les deux parties séparées par le joint A le plus rapproché du milieu, on cherche la valeur de F correspondant à ces deux parties. Pour cela, on prend d'abord la section moyenne de chacune des subdivisions que l'on appelle ordinairement voussoirs ; n étant le nombre des voussoirs de la première partie et $X_1, X_2 \ldots\ldots X_n$ désignant les sections moyennes de ceux-ci, on détermine la valeur de l'expression dont nous avons donné la signification (2)

$$\frac{x'}{n}\left(\frac{1}{X_1}+\frac{1}{X_2}+\ldots\ldots+\frac{1}{X_n}\right)=\mathrm{M},$$

x' étant l'abscisse du joint A le plus rapproché du milieu. En désignant de même par $n+1$ et $X_1', X_2', \ldots\ldots$ X'_{n+1} le nombre des subdivisions de l'autre partie et leurs sections moyennes, on détermine aussi la valeur de l'expression

$$\frac{2l-x'}{n+1}\left(\frac{1}{X'_1}+\frac{1}{X'_2}+\ldots\ldots+\frac{1}{X'_{n+1}}\right)=\mathrm{M}',$$

$2l$ désignant l'intervalle horizontal qui sépare les deux appuis.

L'espace parcouru par le centre de gravité du joint A est pour la première partie : MmF et on trouve :

$$\text{M}m\text{F} = \frac{\varepsilon y'}{x'}.$$

La quantité A désignant l'aire de la section dont il s'agit, le volume décrit correspondant égale :

$$\frac{\varepsilon \text{A} y'}{x'}.$$

abcd (fig. 6) étant ce volume et g désignant le centre de gravité de la section A, on a :

$$gg' = \frac{\varepsilon y'}{x'}.$$

Ici $gd = ag = \frac{1}{2}\,\text{A}$, en supposant égale à l'unité la dimension horizontale des sections rectangulaires, et on trouve (18) :

$$ab = \frac{\varepsilon\left(y' + \frac{\text{A}}{2}\right)}{x'}, \quad dc = \frac{\varepsilon\left(y' - \frac{\text{A}}{2}\right)}{x'}.$$

On prouve d'ailleurs, par des procédés géométriques, que la distance du centre de gravité du trapèze *abcd* à l'horizontale gg' est :

$$\frac{1}{6}\,ad\left(\frac{ab}{gg'} - 1\right) = \frac{\text{A}^2}{12y'},$$

en introduisant les valeurs des lignes *ad*, *ab*, *gg'* et simplifiant.

La section de la naissance correspondant à la partie de voûte considérée décrit conformément au paragraphe (19) un volume mesuré par : $\frac{\varepsilon B y'}{x'}$, B désignant l'aire de cette section dont le centre de gravité parcourt un espace $\frac{\varepsilon y'}{x'}$ identique à celui de la section A, et on trouve de la même façon que le centre de gravité du volume dont il s'agit est situé au-dessous de celui de la section B à une distance exprimée par

$$\frac{B^2}{12y'}.$$

La différence de niveau entre les centres de gravité des volumes décrits par les sections A et B est donc : y' différence de niveau des centres de gravité de ces deux sections dans la position primitive du système diminué de la flexion ε de la section A et augmenté de $\frac{A^2}{12y'} + \frac{B^2}{12y'}$. Désignant donc par R la résultante de toutes les forces verticales qui sollicitent la portion de voûte considérée et par r l'espace compris entre cette force et la section B, on a (21) :

$$F\left(y' - \varepsilon + \frac{A^2 + B^2}{12y'}\right) = Rr.$$

Éliminant ε entre cette équation et celle déjà trouvée :

$$MmF = \frac{\varepsilon y'}{x'},$$

on obtient une expression en renfermant plus que l'inconnue F, y' étant toujours donné en fonction de x'.

Opérant de la même façon sur l'autre partie de la voûte proposée, on obtient deux expressions analogues :

$$F'\left(y'' - \varepsilon + \frac{A^2 + B'^2}{12y''}\right) = R'r' \quad \text{et} \quad M'mF' = \frac{\varepsilon y''}{2l - x'},$$

B' désignant l'aire de l'autre naissance et y'' étant la différence de niveau entre les centres de gravité de cette dernière section et de A.

Ces deux équations permettent également d'éliminer ε et d'obtenir la valeur de F'.

45. Cela posé, si on trouve $F = F'$, x' sera l'abscisse de la section qui divise la voûte en deux parties réellement portées par les appuis contigus. Si F est plus petit que F', on recommencera les opérations ci-dessus en augmentant la partie de voûte correspondant à F de la subdivision contiguë à la section A et diminuant l'autre partie de la même subdivision. On doit continuer ces tâtonnements jusqu'à ce que l'on trouve pour une section $F < F'$ et pour la suivante $F > F'$. Le plan cherché est évidemment compris entre les deux ci-dessus, et la véritable valeur de F sera plus grande que la première de ces quantités et plus petite que l'autre.

46. On simplifie considérablement les recherches précédentes en négligeant la quantité ε dans l'expression des bras de levier des moments de F et F'; alors en effet les deux équations

$$F\left(y'+\frac{A^2+B^2}{12y'}\right)=Rr \quad \text{et} \quad F'\left(y''+\frac{A^2+B'^2}{12y''}\right)=R'r',$$

donnent directement les valeurs de F et F' : si de plus on a les expressions des aires A, B, B' et des quantités R, r, R' et r' en fonction de x', en substituant à la place de y' et y'' leurs valeurs toujours données en fonction de la même abscisse, et égalant les valeurs de F et F', on obtient directement l'expression qui détermine la quantité x', c'est-à-dire la position de la section divisant la voûte en deux parties réellement portées par les appuis contigus.

47. Cette solution paraîtra peut-être laborieuse; mais il ne faut pas oublier qu'il s'agit ici d'un cas tout à fait général qui n'a jamais été traité dans les théories connues. Celles-ci se sont toujours bornées à examiner une voûte symétrique par rapport au joint vertical du milieu et symétriquement chargée. Dans cette hypothèse, les recherches sont fort simplifiées; d'abord le joint cherché est évidemment celui du milieu, et on trouve immédiatement la poussée

$$F=\frac{12y'.Rr}{12y'^2+A^2+B^2},$$

en négligeant la flexion ε. Ici y' est la flèche de la voûte, A est l'aire de la section du sommet et B celle des naissances. Si l'on veut en même temps obtenir l'abaissement du sommet de la voûte et déterminer, non plus la valeur approchée, mais l'expression exacte de la poussée, on prendra les deux équations

$$MmF = \frac{\varepsilon y'}{x'} \quad \text{et} \quad F\left(y' - \varepsilon + \frac{A^2 + B^2}{12y'}\right) = Rr,$$

dans lesquelles y' et x' sont les coordonnées du point où l'axe de la voûte traverse la section du sommet.

48. Lorsqu'on a obtenu F et les centres de pression des joints des naissances et du sommet, il est facile de constater si la voûte est stable. Pour cela, on construit la courbe des centres de pression ou plutôt le polygone des centres de pression en combinant la poussée avec les poids successifs des voussoirs et des charges qu'ils supportent. Mais avant il faut, conformément à ce qui a été dit paragraphes (29) et (36), ramener à la même hauteur les centres de pression du joint qui sépare la voûte en deux parties réellement portées par chaque appui. L'un placé au centre de gravité du volume $\frac{\varepsilon A y'}{x'}$ est situé à une distance verticale $\frac{A^2}{12y}$ au-dessus du centre de gravité de la section dont il s'agit. L'autre placé au centre de gravité du volume $\frac{\varepsilon A y''}{2l - x'}$ est situé à une distance verticale $\frac{A^2}{12y''}$ au-dessus du même point; de telle sorte

que la différence de niveau entre ces deux centres de pression est :

$$\frac{A^2}{12}\left(\frac{1}{y''} - \frac{1}{y'}\right).$$

Conformément à ce qui a été dit aux paragraphes précités, le centre de pression cherché est situé au centre de gravité de la somme des volumes précédents ; on l'obtient en divisant la distance

$$\frac{A^2}{12}\left(\frac{1}{y''} - \frac{1}{y'}\right),$$

en partie réciproquement proportionnelle aux volumes

$$\frac{\varepsilon A y'}{x'}, \quad \frac{\varepsilon A y''}{2l - x'}.$$

z désignant la distance du point cherché au centre de gravité du volume $\frac{\varepsilon A y'}{x'}$, on a la proportion

$$\varepsilon A\left(\frac{y''}{2l - x'} + \frac{y'}{x'}\right) : \frac{A^2}{12}\left(\frac{1}{y''} - \frac{1}{y'}\right) :: \frac{\varepsilon A y''}{2l - x'} : z;$$

d'où l'on tire après réduction :

$$z = \frac{A^2 x'(y' - y'')}{12 y'[2l y' - x'(y' - y'')]}.$$

En ajoutant à z la distance du centre de gravité du volume $\frac{\varepsilon A y'}{x'}$ au centre de gravité de la section A considérée, on a la distance du centre de pression cherché à ce dernier centre de gravité. Il vient :

$$\frac{A^2}{12y'}\left(1+\frac{x'(y'-y'')}{2ly'-x'(y'-y'')}\right),$$

qui se réduit à :

$$\frac{A^2}{12\left(y'-x'\frac{(y'-y'')}{2l}\right)}.$$

49. Le centre de pression m étant trouvé (fig. 7), on combine successivement F à droite et à gauche de ce point avec les poids des voussoirs et des charges qu'ils supportent p, p_1, p_2...; q, q_1, q_2,... appliqués aux centres des forces parallèles de ces agglomérations partielles; ainsi F se combine d'abord avec p et q et donne les résultats ab, $a'b'$; ces dernières se combinent respectivement avec p_1 et q_1 et donnent les résultantes bc, $b'c'$, et ainsi de suite.

50. Ce polygone est construit en supposant les joints de la voûte verticaux; mais, suivant ce qui a été dit (42), il s'applique à la même voûte appareillée d'une manière quelconque par des plans de joints passant par les centres de gravité des sections verticales qui ont servi à le déterminer. Réciproquement, si l'on avait un appareil divisé par des joints inclinés, on substituerait à ces derniers des plans verticaux passant par les centres de gravité des sections inclinées, et on procéderait à la recherche du polygone des pressions comme il vient d'être dit.

51. Cela posé, chaque joint de la voûte, quelle que soit sa direction, est traversé par un des côtés du polygone des pressions, et on connaît l'effort exercé suivant cette direction ; s'il peut occasionner le glissement des faces du joint l'une contre l'autre, la voûte ne sera pas stable ; les ruptures de ce genre sont, comme on le sait, excessivement rares, et nous ne nous y arrêterons pas. Si le point de rencontre qui est le centre de pression de la section est assez rapproché, soit de l'extrados, soit de l'intrados, pour ne pouvoir être le centre de gravité d'un volume formé par deux positions infiniment voisines de la section du joint considéré, la stabilité peut encore exister ; mais il se manifeste des solutions de continuité à l'intrados si le centre de pression est trop rapproché de l'extrados et inversement dans le cas contraire : s'il s'agit par exemple du cas particulier que nous venons d'examiner, le polygone ou la courbe des centres de pression doit se tenir dans une zone centrale dont les limites sont au tiers de la distance entre l'intrados et l'extrados.

52. Les voûtes métalliques construites convenablement laissent un plus vaste champ à la courbe des centres de pression. Il faut généralement terminer les voussoirs à l'intrados et à l'extrados par des nervures massives, et augmenter encore la quantité de matière en ces endroits en évidant le centre. C'est surtout lorsque les charges accidentelles sont une fraction importante du poids total qu'il importe de développer le plus possible le champ dans lequel peut se mouvoir

la courbe des pressions, parce qu'alors cette courbe prend des positions très-différentes les unes des autres sous l'influence de ces charges. Les viaducs métalliques des chemins de fer offrent un exemple remarquable de ces sortes de mouvement.

53. S'il est ainsi possible de satisfaire aux conditions de stabilité, il ne paraît pas aussi certain que la constitution physique du fer et de la fonte puisse se prêter pendant un temps considérable à ces changements brusques de compression occasionnés par les grands mouvements de la courbe des pressions.

On ferait sagement en donnant à la charge permanente une importance telle que les poids accidentels n'en fussent jamais qu'une faible portion; on arriverait ainsi à un déplacement insignifiant de la courbe des pressions sous l'influence de ces poids accidentels et les molécules seraient toujours à peu près soumises à la même compression.

54. Cédant à l'engouement général, quelques constructeurs ont substitué le fer à la fonte dans la construction des arcs; le fer présente une élasticité qui est environ les deux tiers de celle de la fonte, et par conséquent à compression égale la flexion est plus grande pour un arc composé de cette dernière matière. C'est là un avantage incontestable du fer et de la tôle. Mais s'il s'agit de remplir les conditions que nous venons d'indiquer, la fonte reprend une grande supériorité, puisqu'elle peut être comprimée deux fois plus que le fer, et qu'ainsi, à sections égales, on peut

doubler l'importance de la charge permanente. La flexion présente de graves difficultés lorsqu'il s'agit des charges accidentelles; ainsi par exemple le passage d'un train sur un viaduc doit occasionner la plus petite flexion possible, mais celle due aux charges permanentes peut sans inconvénient être aussi grande qu'on le veut, ce n'est donc pas là un obstacle à l'accroissement de la charge permanente. On doit en général remplir les conditions suivantes : 1° Ne pas troubler l'élasticité de la matière par la compression résultant des efforts simultanés des charges permanentes et accidentelles; 2° ne pas arriver à une trop grande flexion sous l'influence des charges accidentelles, et enfin 3° avoir des charges permanentes d'une importance suffisante pour que la courbe des centres de pression ne varie pas sensiblement sous l'action des poids accidentels.

55. Les solutions de continuité dont nous avons parlé (54) ne se manifestent réellement que s'il existe des plans de joints simplement juxtaposés aux endroits indiqués ; mais si l'on a opéré la réunion par des boulons, rivets, ou si la matière n'offre pas de plans de joints, il y aura seulement des efforts de tension à ces endroits, efforts dont nous avons indiqué les inconvénients (37). S'il était impossible d'éviter ces efforts, le fer et la tôle devraient être employés à l'exclusion des autres matières ordinairement mises en œuvre dans les constructions.

56. Les théories des voûtes qui existent en assez grand nombre n'ont jamais pu rendre compte

des effets de la dilatation sur ces appareils : ici ce problème est résolu avec une grande simplicité.

Les changements de température produisent, surtout sur les corps métalliques, des modifications de volume telles que les formes nouvelles sont exactement semblables aux anciennes, ou en d'autres termes les figures nouvelles sont les anciennes, dessinées à des échelles plus grandes ou plus petites. Revenons à la fig. 1, et supposons ce corps parfaitement libre. En abaissant ou élevant sa température, on obtient un accroissement ou une diminution de volume; mais ces changements s'opèrent de telle sorte que la section *bc* se meut parallèlement à elle-même; le volume décrit n'est donc plus trapézoïdal, ce n'est plus un prisme tronqué par un plan oblique à sa base; c'est un véritable corps prismatique, et en raison des dimensions très-petites de ses arêtes, relativement à celles de sa base, on peut le considérer comme un prisme droit.

t désignant le nombre de degrés dont varie la température, c le coefficient de dilatation, c'est-à-dire l'allongement ou l'accourcissement produit sur l'unité de longueur par une élévation ou un abaissement de température d'un degré; la projection horizontale $2l$ de l'axe de la voûte considérée deviendrait, si ses extrémités avaient toute liberté de mouvement,

$$2l \pm 2ctl = 2l(1 \pm ct).$$

et de même les parties x' et $2l - x'$ de cette projection seraient

$$x'(1 \pm ct), \quad (2l - x')(1 \pm ct).$$

57. Supposons d'abord qu'il s'agisse d'un abaissement de température, les augmentations de longueur des quantités x' et $2l - x'$ que doit occasionner la flexion sont, sans tenir compte de la température,

$$m\mathrm{F}\int_0^{x'} \frac{dx}{\mathrm{X}} \quad \text{et} \quad m\mathrm{F}\int_{x'}^{(2l-x')} \frac{dx}{\mathrm{X}};$$

Mais comme ces quantités ont diminué par l'abaissement de température de ctx' et $ct\,(2l - x')$, il faut que la flexion rachète aussi ces diminutions; on a donc, en considérant seulement la première de ces quantités,

$$m\mathrm{F}\int_0^{x'} \frac{dx}{\mathrm{X}} + ctx' = \frac{\varepsilon y'}{x'},$$

en faisant observer que y' et x' devenant, par l'abaissement de température,

$$y'(1 - ct), \quad x'(1 - ct),$$

leur rapport ne change pas.

58. La détermination des centres de pression offre une particularité qu'il importe de signaler. B désignant l'aire de la naissance considérée, le volume décrit par cette section correspondant à la flexion ε est, comme nous l'avons vu,

$$\frac{\mathrm{B}\varepsilon y'}{x'};$$

Il doit égaler celui *abcd* (fig. 8), correspondant à la compression, et représenté par

$$mF \, . \, B \int_0^{x'} \frac{dx}{X},$$

augmenté de celui $cbb'c'$, correspondant à l'abaissement de température représenté par

$$ctx'B:$$

Ce dernier est terminé par deux sections parallèles bc, $b'c'$.

Le centre de pression ne se trouve donc plus au centre de gravité du volume total $ab'c'd$ décrit pendant la flexion, mais à celui du volume $abcd$; or il est manifeste que ce dernier se rapproche davantage de la partie inférieure que le centre de gravité du volume $ab'c'd$; si cc' était plus grand que dc, la voûte s'ouvrirait à cet endroit, et s'il n'existait pas de solution de continuité, il s'y développerait une certaine tension. Pour le joint situé à l'autre extrémité de l'abscisse x', les choses se passent d'une manière analogue, mais d'une façon inverse : le centre de gravité du volume se rapproche de la partie supérieure, et le joint tend à s'ouvrir à l'intrados.

59. Ainsi, en nous reportant à l'exemple choisi, si l'on calcule la position du centre de gravité du volume décrit par le joint du sommet, il faut, dans l'expression

$$\frac{1}{6} ad \left(\frac{ab}{qq'} - 1 \right) \quad (\text{fig. } 6)$$

de la distance de ce centre à l'axe, substituer à

$$yy',\quad \frac{\varepsilon y'}{x'} - ctx' \text{ et à } ab,\quad \frac{\varepsilon\left(y' + \frac{1}{2}A\right)}{x'} - ctx';$$

on trouve alors

$$\frac{1}{6}ad\left(\frac{ab}{yy'} - 1\right) = \frac{A^2}{12\left(y' - \frac{ctx'^2}{\varepsilon}\right)}.$$

De même, le centre de pression de la section **B** est situé à une distance au-dessous du centre de gravité de cette section, exprimée par

$$\frac{B^2}{12\left(y' - \frac{ctx'^2}{\varepsilon}\right)};$$

par suite, l'équation des moments devient :

$$F\left(y' - \varepsilon + \frac{A^2 + B^2}{12\left(y' - \frac{ctx'^2}{\varepsilon}\right)}\right) = Rr.$$

En la combinant avec la relation déjà trouvée (57), on en déduirait les valeurs de F et ε, qui se rapportent à l'abaissement de température t.

60. Si au contraire la température s'élève, le terme ctx' change de signe, et l'on a

$$mF\int_0^{x'} \frac{dx}{X} - ctx' = \frac{\varepsilon y'}{x'}.$$

Cela veut dire que l'allongement de x', résultant de l'élevation de température, s'ajoute à celui qui provient de la flexion, pour donner une longueur égale à l'accourcissement provoqué par la compression. L'allongement dû à la flexion n'a donc pas besoin d'être aussi considérable, et par suite, cette flexion ε diminue; d'ailleurs, par des raisons inverses à celles indiquées pour un abaissement de température, les centres de pression des naissances se relèvent, et celui de la section de rupture s'abaisse. Lorsque la température est assez élevée pour qu'on ait

$$mF\int_0^x \frac{dx}{X} = ctx',$$

le centre de gravité de la section de rupture reprend la position qu'il avait avant le chargement de la voûte. Dans ces circonstances, les volumes décrits par cette section et celles des naissances sont terminés par deux plans parallèles, et par suite, les centres de pression se trouvent aux centres de gravité de ces sections. Si la température s'élève encore, la quantité ε devient négative, c'est-à-dire que la flèche de la voûte au lieu de diminuer augmente; le centre de pression de la section de rupture descend au-dessous de son centre de gravité, tandis que ceux des naissances s'élèvent au-dessus de ces centres. Les volumes décrits par ces sections peuvent ainsi affecter en profil la forme triangulaire, et si l'on élève encore la température, le joint de rupture s'ouvre à l'extrados, et ceux des naissances à l'intrados, ou s'il n'existe pas de solution de continuité en ces endroits, il s'y manifeste des efforts de tension.

Ces considérations sont d'une extrême simplicité, et nous ne pensons pas qu'il soit nécessaire d'entrer, à ce sujet, dans de plus grands développements.

61. Nous avons admis l'invariabilité des naissances, mais ces plans font partie des culées ou pieds-droits, qui sont eux-mêmes des corps élastiques; le sol même sur lequel reposent ces derniers est aussi plus ou moins élastique; toutefois, pour limiter notre examen, nous supposerons le sol des fondations incompressible. Lorsqu'on fonde en bon terrain, il en doit être ainsi à très-peu près, la section ayant là une étendue presque indéfinie.

Nous avons indiqué (31) une propriété remarquable des plans verticaux des naissances : sur les supports, la résistance verticale de la matière assure l'équilibre, et c'est, au contraire, la résistance horizontale qui maintient la stabilité de la voûte. Si donc les divers volumes décrits par les sections verticales, dont nous nous sommes occupés, sont dus à cette dernière résistance; ceux engendrés par les assises horizontales des supports doivent s'effectuer sous l'influence exclusive de la résistance verticale. Soit un support de voûte quelconque (fig. 9) dont *m* est le centre de pression de la naissance et *ma* la direction de la résultante de la poussée F et de la partie du poids de la voûte, y compris les charges accidentelles, réellement supportées par cet appui; cette direction vient rencontrer en *a* la verticale qui passe par les centres de gravité des sections des diverses assises; là elle se combine avec le poids du support, supérieur à l'assise *ik* du coussinet, et donne la résultante *ab* qui fixe en *b* le centre de pression de cette assise ; la force *ab* se combine à son tour avec le poids de l'assise suivante, agissant toujours suivant la verticale *a*, et donne la résultante *ac* et le centre de pression *c* de cette assise, et ainsi de suite.

La stabilité du système exige d'abord que tous les centres de pression ne sortent pas de l'intérieur du solide qui constitue le support; il faut même que la section de chaque assise puisse décrire un volume dont le centre de gravité se trouve sur la verticale qui passe par le centre de pression de cette section, ce qui fixe au tiers de l'épaisseur du support, à partir de l'extérieur, la limite de ce centre de pression, dans l'hypothèse où les sections de celui-ci sont rectangulaires, comme il a été expliqué (51).

Si l'on considère une assise d'une hauteur infiniment petite *dy*, comprimée, sur la face supérieure, par un effort vertical Q, on trouve comme précédemment que son volume diminue de :

$$mQdy,$$

et en désignant par σ la section de cette assise, la hauteur *dy* mesurée au centre de gravité de cette section diminue de :

$$\frac{mQdy}{\sigma},$$

et par conséquent la diminution totale de la hauteur

comprise entre une assise quelconque et les fondations est :

$$m\int_0^y \frac{Q\,dy}{\sigma}.$$

Ici à l'inverse de ce qui a été indiqué pour les voûtes, Q est une quantité variable d'une assise à l'autre, et au contraire σ est constant lorsqu'il s'agit d'un support prismatique; mais pour conserver à la formule toute sa généralité, nous supposerons aussi que σ est variable.

En désignant par σ' la section du support adhérant au plan des fondations supposé horizontal, le volume décrit par cette section égale

$$m\sigma'\int_0^{y'} \frac{Q'dy}{\sigma}.$$

Q' désigne le poids de la partie de voûte qui charge réellement le support augmenté de celui de ce support; y' est la hauteur de ce dernier depuis les fondations jusqu'à son sommet. Toutes ces quantités sont donc parfaitement connues, il doit donc en être de même du volume dont il s'agit.

Les diverses sections horizontales du support étant supposées rectangulaires, et la dimension de ces rectangles, normale au profit de la voûte, égale à l'unité les quantités σ et σ' désigneront l'autre dimension de ces sections rectangulaires, que l'on appelle ordinairement l'épaisseur du pied-droit. Dans ces circonstances, nous avons trouvé (44) l'expression de la distance du centre de gravité du volume précédent à celui de la section, en fonction de l'épaisseur σ' de l'assise considérée et des espaces parcourus par le centre de gravité de la section et par une des extrémités de σ'; ici cette dernière quantité est inconnue, et au contraire la distance entre les deux centres de gravité est donnée; on peut donc déduire de cette relation l'inconnue signalée, et par suite l'angle formé par les deux sections rectangulaires qui terminent le volume considéré.

Par hypothèse, le plan des fondations demeurant horizontal, il en résulte que les diverses assises qui resteraient de niveau si la section contiguë aux fondations ne décrivait pas l'espace angulaire dont il s'agit, décrivent elles-mêmes cet espace angulaire; ces assises sont toutes celles supérieures au point *a*. Quant à celles inférieures, elles prennent diverses inclinaisons comprises entre celle extrême que nous venons d'indiquer et le plan horizontal, suivant la position des centres de pression *b*, *c*, *d*, etc....

Mais l'assise correspondant au coussinet ne peut prendre cette inclinaison maxima, sans que le plan vertical de la naissance parcoure le même espace angulaire. Si donc *abcd* (fig. 10) est le volume décrit par cette naissance correspondant à l'équilibre, dans l'hypothèse où elle vient buter contre un plan invariable, *ab'cd* devra être celui que la flexion engendrera, *bcb'* désignant l'espace angulaire ci-dessus mentionné. Ceci ne fait pas changer le centre de pression du coussinet qui se rapporte toujours au volume *abcd*, mais il en résulte une plus grande flexion ; la quantité désignée par ε augmente donc. Quant à la poussée, l'accroissement de son intensité est insensible ; elle se rapporte à cette augmentation de la quantité ε, qui diminue d'autant le bras de levier du moment de cette force et d'où résulte par conséquent l'accroissement précité ; il s'agit là d'une très-faible variation tout à fait négligeable dans la pratique.

Dans le calcul de la stabilité d'une voûte, on peut donc se borner à construire la ligne des centres de pression du support, et à s'assurer que les diverses sections des assises peuvent décrire des volumes dont les centres de gravité sont à l'aplomb de ces centres de pression. Si pour une assise quelconque cette circonstance ne se réalisait pas, elle s'ouvrirait du côté le plus éloigné du centre de pression, ou s'il existait à cet endroit une certaine force de cohésion, il s'y manifesterait un effort de tension.

Lorsqu'il s'agit d'une voûte, la flexion engendre la force horizontale et celle-ci détermine la compression de l'appareil ; mais pour le support, l'effort vertical qui le comprime est une des données du problème : dans le premier cas, il y a deux sortes de mouvement, d'abord celui de la flexion, ensuite vient la compression ; dans le second cas, ce dernier mouvement est seul nécessaire. Le support est un appareil du genre de celui examiné fig. 1, et la voûte est formée de deux systèmes du genre de ceux étudiés fig. 3.

Lors donc qu'on satisfait aux conditions de stabilité indiquées précédemment, le pied-droit n'accomplit aucune sorte de rotation et bute parfaitement la voûte.

S'il s'agit de deux voûtes accolées identiques de forme et de chargement, les diverses résultantes : *ma*, *ab*, *ac*, etc. (fig. 9), se combinent avec les correspondantes de la voûte voisine, et la résultante réelle des efforts qui compriment une assise quelconque est verticale et passe par le centre de gravité de cette assise ; ainsi l'axe du support constitue alors la ligne des centres de pression. Si les voûtes sont dissemblables de forme et de chargement, les résultantes correspondantes des deux voûtes se combinent aussi et donnent une ligne des centres de pression qui passe entre l'axe du support et la voûte la plus faible. Dans les viaducs de chemin de fer, les charges accidentelles ayant une grande importance et de deux voûtes accouplées, une d'elles pouvant être couverte par un convoi tandis que l'autre n'est chargée que de son poids permanent, il faut dans la construction des supports tenir compte de ces différences ; l'emploi des piles minces peut offrir de graves inconvénients.

FIN.

Paris. — Imprimé par E. Thunot et Cᵉ, 26, rue Racine.

Fig. 4.

M

R

Fig. 9

F

Fig. 10

R

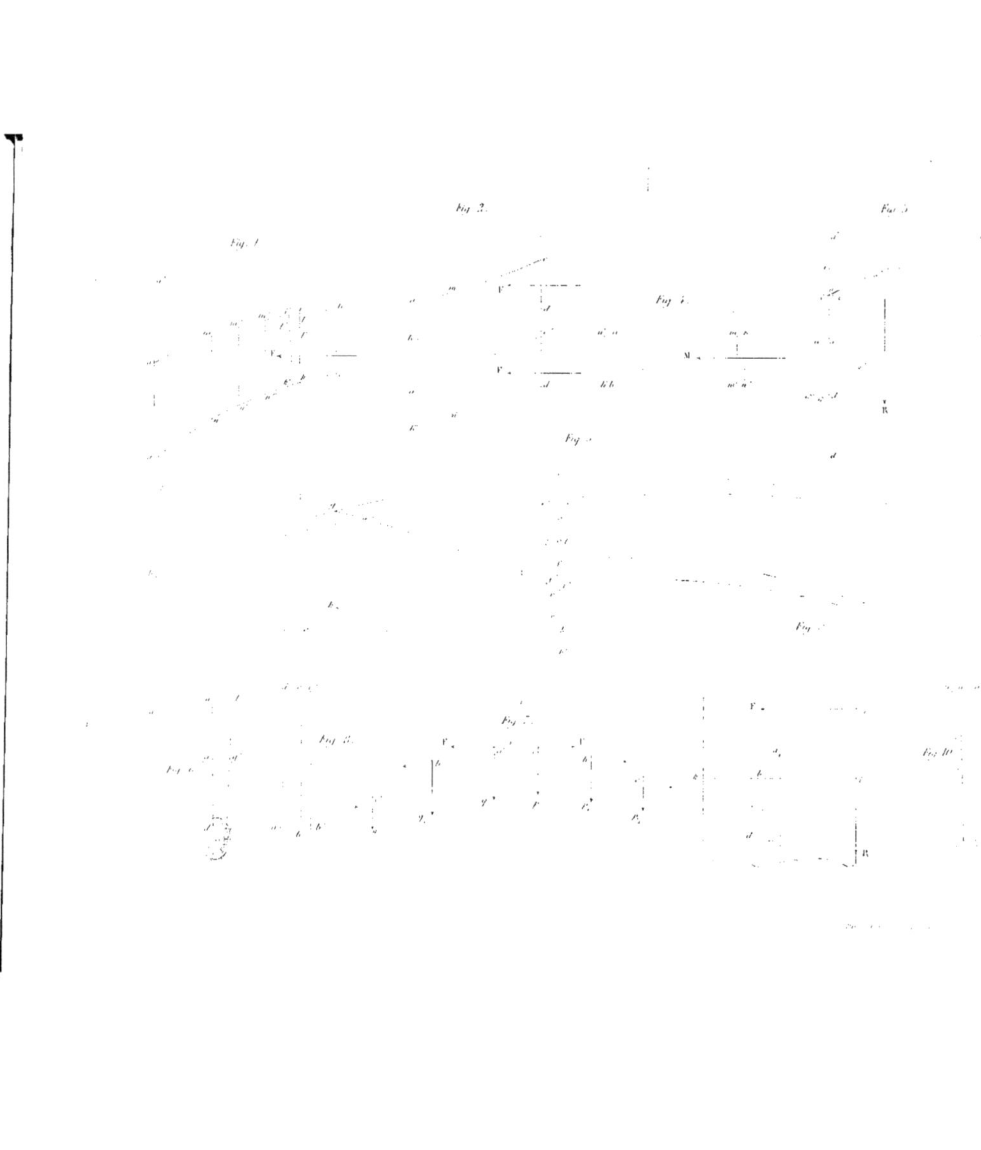

Œuvrages du même auteur :

Théorie des voûtes incompressibles . . 1846

Théorie des charpentes. 1851

Théorie des corps fibreux (poutres en bois, en fer et en fonte de fer). 1858

Du mouvement des eaux sur les continents : Les étiages des cours d'eau diminuent sans cesse ; — Les lits et les hautes eaux s'élèvent de plus en plus ; — Causes de la continuité de ce triple mouvement; — Moyens pratiques de le développer en sens inverse. 1858

Paris. — Imprimé par E. Thunot et Ce, 26, rue Racine.

www.ingramcontent.com/pod-product-compliance
Ingram Content Group UK Ltd.
Pitfield, Milton Keynes, MK11 3LW, UK
UKHW020953180726
13838UKWH00003B/1301